彩绘版

昆虫记 ④

——黄蜂与舍腰蜂

【法】法布尔 著

陈娟 编译

当代世界出版社

图书在版编目（CIP）数据

彩绘版昆虫记.4，黄蜂与舍腰蜂／（法）法布尔
（Fabre，J.H.）著；陈娟编译.－－北京：当代世界出版
社，2013.8
　　ISBN 978-7-5090-0924-6

　　Ⅰ.①彩…　Ⅱ.①法…②陈…　Ⅲ.①昆虫学－青年
读物②昆虫学－少年读物　Ⅳ.①Q96-49

中国版本图书馆 CIP 数据核字（2013）第 141399 号

书　　　名：彩绘版昆虫记 4——黄蜂与舍腰蜂
出版发行：当代世界出版社
地　　　址：北京市复兴路 4 号（100860）
网　　　址：http://www.worldpress.org.cn
编务电话：（010）83907332
发行电话：（010）83908409
　　　　　　（010）83908455
　　　　　　（010）83908377
　　　　　　（010）83908423（邮购）
　　　　　　（010）83908410（传真）
经　　　销：新华书店
印　　　刷：三河市汇鑫印务有限公司
开　　　本：787mm×1092mm　1/16
印　　　张：8
字　　　数：50 千字
版　　　次：2013 年 8 月第 1 版
印　　　次：2013 年 8 月第 1 次印刷
书　　　号：ISBN 978-7-5090-0924-6
定　　　价：25.80 元

前　言

  法布尔是第一位在自然环境中研究昆虫的科学家，也是一位优秀的文学家。这部他用尽毕生心血写成的《昆虫记》，既是一部研究昆虫的科学巨著，也是一部不可多得的文学佳作，被世人誉为"昆虫的史诗"。

  在过去的一百多年里，《昆虫记》被翻译成五十多种文字，在世界各地发挥着对昆虫行为学的启蒙作用，影响了一代又一代热爱自然、喜爱昆虫的读者。时至今日，《昆虫记》早已被公认为跨越领域、超越年龄的不朽经典！为此，楚天悦少儿阅读研究中心特意在尊重原著的基础上，为亲爱的小朋友们量身打造了这套少儿版科学经典。这套彩绘本《昆虫记》共六本，精选了原著中颇具代表性的十二种昆虫，意在以科学的知识为孩子的大脑补充营养，以精美的插图吸引孩子的眼球，以活泼的版式激发孩子的兴趣。

  希望小朋友们阅读此书后，可以学习到关于昆虫的正确知识，并能够锻炼自己的观察能力，激发自己的阅读兴趣和对大自然的好奇心，培养自己尊重生命、热爱大自然、乐于探索求知的精神。如此，我们将不胜欣慰。

黄蜂和舍腰蜂

　　小朋友们都有过被黄蜂蜇的经历吗？那种钻心的疼痛是不是很刻骨铭心呢？大家对黄蜂最深刻的印象，大概都是黄蜂这种蜇人的"本领"吧。可是，小朋友们，你们知道黄蜂还有很多其他的特点吗？比如，黄蜂在建筑巢穴方面是一位令人称赞的建筑师，但是在某些需要动脑的问题上，即使是在非常小的困难面前，它们的举止也像是一个十足的傻瓜！还有黄蜂对待敌人非常强悍和勇猛，但面对自己的宝宝时会不会温柔一些呢？还有……

　　舍腰蜂也是一个很有个性的小家伙，它居然喜欢把家建在烟雾茫茫的烟筒里！虽然高温和浓浓的烟雾可能会给它的安全造成一定的威胁，但它还是乐此不疲地穿梭于浓雾之中，快乐地、不受干扰地建造自己的家园。其实，舍腰蜂身上最大的特点是，比起很多昆虫，比如说它的同类黄蜂，它对事物有一定的辨别力。虽然这种辨别力很弱，但从它身上，我们可喜地看到了昆虫身上所隐藏的进步性！

　　这两只小昆虫的身上到底有多少谜呢？让我们跟随着法布尔来一探究竟吧！

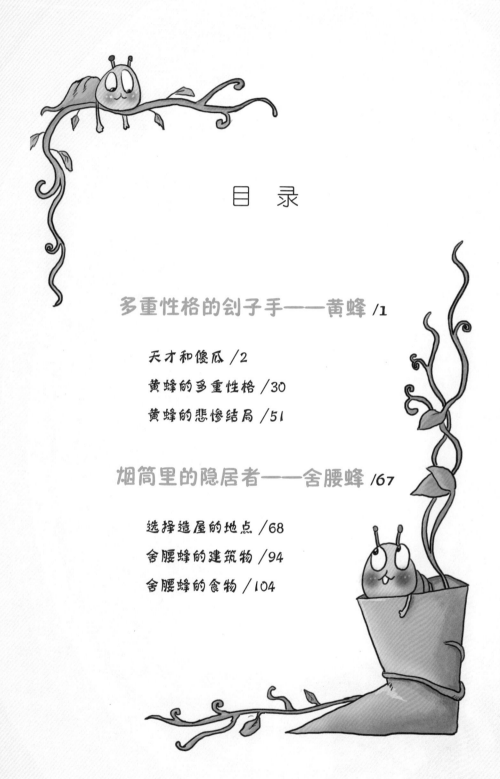

目　录

多重性格的刽子手

——黄蜂

昆虫小档案

中 文 名:黄蜂

英 文 名:wasp, hornet

科属分类:膜翅目,细腰亚目

籍　　贯:广泛分布于世界各地。

自古就流传着这样一句歇后语：黄蜂尾上针——最毒。由此可见,黄蜂在人们的心目中是何等残暴、凶恶。可不是么,恐怕每个调皮的小朋友都有被黄蜂蜇过的经历吧!我小时候就被黄蜂狠狠地蜇过一次,直到现在我还对那种刻骨铭心的疼痛心存恐惧!

现在我们就一起来了解一下这个让人畏惧的小家伙吧。

天才和傻瓜

黄蜂，也叫马蜂或者胡蜂。它一年可以生产两代，其中每年的 5—10 月份是黄蜂家族人丁最为兴旺的时候。并且，在这期间的每个月，它们都有一次筑巢期，所以选择这个时候观察黄蜂、"盗取"蜂巢再合适不过了。

九月份的一天，秋高气爽。我和儿子保罗可不愿意在家待着，于是就跑出去了。不过出去可不是完全为了观赏风景，而是肩负着重要的任务——要看一看黄蜂的巢。

小保罗对这件事情有着十足的热情，他非常仔细地为我寻找着蜂巢。很快他就发现了"新大陆"。

果然,顺着保罗指的方向,在大概50米以外的地方,我看到有一种小家伙运动得非常快,它们一个个地从地面上疾速飞跃,简直是弹跳起来,然后又迅速飞出去。

说到这里,有的小朋友可能会问:"我们看到的蜂巢一般都是在树上或者屋檐底下,你们看到的怎么是在地上呢?"原来,黄蜂的巢不但会建于树枝、屋檐等高的地方,通常也会建于土壤中的腔穴内。

接着,我们小心翼翼地走近那个地方——动作过大容易惊动这些残暴、凶狠的家伙而遭到它们的群攻,那样,后果可是不堪设想的!

　　因为黄蜂蜇得不但很疼,毒性还很大呢。被黄蜂蜇过后,大部分人都会出现过敏反应,这是很多小朋友都知道的。

　　终于来到了蜂巢边上。我们俩兴奋得忘乎所以,把脸紧紧地凑到蜂巢边上去观察。只见这些小家伙住所的旁边,有一道小圆裂口,就像人的大拇指那么大。黄蜂不停地飞进飞出,一派繁忙的样子。

"啊,不好!"我突然惊叫起来。因为我突然意识到此时我们处于一个危险的境地!黄蜂一般不会主动攻击别人,但是如果它们遭到外界侵扰,那么它们从来不会手下留情。

　　此时,我又突然想到了我小时候被蜇的样子,心里恐惧极了,我生怕我们的不请自来会激怒这些脾气暴躁的家伙,然后引起它们的袭击!有那么一两秒,我的大脑简直一片空白。幸好,我及时清醒过来,赶紧拉着还沉浸在观察中的小保罗离开了。

原来，黄蜂的生活非常有规律。一般气温到 12℃~13℃时，黄蜂就开始外出活动了；在 16℃~18℃时，开始筑巢；等到秋天过后气温降至 6℃~10℃时，它们就开始躲在蜂巢里过冬了。所以，春季中午的气温高，但又不是很炎热，这个时候它们的活动最为频繁。

　　而夏季中午则过于炎热，这个时候它们通常选择暂时在蜂巢内避暑。并且，它们还具有喜光的习性，所以到了晚上，它们就归巢不动了。还有，就是风力在3级以上或者雨天的时候，它们也会停止外出活动。

　　综合考虑了一下，我和保罗都认为太阳下山后是观察黄蜂最好的时机了，于是，我和小保罗回去了。当然，在走之前，我们没有忘记在那个地方做好记号。

　　回家之后，我一刻也没有闲着，因为我得想一个周全的方法去征服黄蜂，去"盗取"蜂巢。

瞧,我的装备都有什么呢？有不到 300 毫升的石油,一截大约九寸长的空芦管,一块坚实度非常好的黏土。

光准备好装备显然是不够的，还要仔细想好每一个步骤,才能得到我想要的结果。

当然,最简单也最安全的方法就是先把蜂巢堵住,从而把里面的黄蜂全都憋死,这样一来,黄蜂就再也不能伤人了。但是这样做是不是有些太残忍了呢？并且我可不想让全部黄蜂都死掉,因为那样的话,我的一切努力就都付之东流了。

有的小朋友建议我直接把石油倒进洞穴里。嗯,如果石油很多,这也不失为一个好方法,但是后来我发现这是一件很危险的事!

　　这是为什么呢?小朋友们可以想象一下,我们只有很少的石油,这样倒的话,还没等石油接近蜂巢,是不是就被松松的泥土吸干了呢?

　　如果这样,等到第二天,当我们毫无防备地去挖掘我们以为很安全的蜂巢时,会出现怎样吓人的情形呢?

　　我的经验告诉我,用我手中的这根芦管可以解决这个问题。我们可以将这样一根空芦管插进通往洞穴的通道里,然后把石油倒进管子里,这样石油就会顺着这根"自动引水管"乖乖地流进洞穴了。

　　接下来我们用准备好的泥土把通道口结结实实地堵住就好了,这样就可以把黄蜂的后路完全堵住了。你们看,这是不是一个完美的计划呢?

等一切都计划好以后,已经晚上九点多了,这时我就和小保罗出发了。

到那儿之后,就要实践我们刚才的计划了。想法虽然很好,看似也很简单,但是实践起来也是需要一定技巧的。因为我们一开始并不知道洞穴的通道口在什么地方,所以,我们要耐心并且要冒着很大的风险去试探一番。

蜂巢大门的看守员也是很厉害的,一旦发现有人要偷袭它们的家,它们会毫不客气地攻击敌人。不过,为了尝到最后的胜利果实,我们必须冒险,同时加强了防范。于是我让小保罗在一旁机警地守卫着,并让他手里拿着一块手帕,以随时驱赶袭击我们的黄蜂。

很快,我们听到从地下传来黄蜂惊人的喧哗声,甚至可以感觉到它们抱头鼠窜的狼狈样子。然后,我们又用带来的泥土把通道口牢牢地封住,用脚踏实。啊,好了,终于做完了,现在只要等着第二天早上来迎接我们的胜利果实了。

于是,第二天早晨我和小保罗早早就出发了。去的时候,我们带了一把锄头和一把铁铲。小朋友们,你们知道我们为什么要去那么早吗?

因为有很多夜不归宿的黄蜂,它们有可能在白天重新飞回家,所以我们要是去太晚的话,估计这些黄蜂就得和正在抄它们家的敌人拼个你死我活了。还有就是早上的气温很低,这时候在巢里的黄蜂一般还不会出来做室外活动,所以,这时候来"取"蜂巢是相对安全些的。

　　挖的时候我们非常小心,生怕把我们的成果弄坏一点点。我和小保罗各自在蜂巢的两旁挖了一道壕沟,蜂巢就露出来了。它吊在洞穴的屋脊当中,一点儿也没有损坏,我们真是太高兴了!

你们看，这个蜂巢是不是很大、很壮观呢？有的小朋友形象地把它比喻成一个大南瓜。真是不错，比喻得很形象呢。当时我们刚挖到它的时候，除去它顶上的一部分，别的部位都是悬空的。

　　你们知道它是怎么悬空的吗？原来，在它的顶部长着很多茅草的根，这些无孔不入的草根穿透蜂巢那厚厚的"铜墙铁壁"，和蜂巢纠结在一起，这就使得蜂巢牢牢地吊在下面。

　　黄蜂不但会利用大自然的有利条件，它们筑巢时的心思也很缜密！如果当时你们也在场的话，就会发现在巢的四周都留有大概手掌宽的一个通道，你们知道这是干什么用的吗？

原来，即使是在地底下，它们也不是只待在巢里的。像我们人类一样，它们也需要活动的空间，从而使它们的蜂巢更大、更坚固。

　　在蜂巢的下面，还有一块像大圆盆一样的更大的空间，这个圆盆有两个用途，一是像那些通道一样，可以方便行动和留着等到扩建新房时再用。另一个用途，是可以当作盛废弃物品用的垃圾箱。你们看，黄蜂"豪宅"里的基础设施是不是很齐全呢？

"啊,不会吧,小小的黄蜂怎么可以挖出如此整齐又大的洞穴来呢?"但是这个洞穴确实是黄蜂们不辞辛苦地挖出来的,因为这样完美的洞穴在自然界中绝对没有现成的。

　　如果非要说这个洞穴也有别人的功劳的话,那么鼹鼠可能多多少少为这个洞穴做了些贡献。因为这个洞很有可能是黄蜂在鼹鼠做成的洞穴基础之上又改建、扩建而成的。

一开始我也很好奇,这么大的工程,它们把挖出来的土都运到哪里去了呢?

因为蜂巢的门外和四周全是干干净净的,一点堆积杂土的痕迹也没有。

原来,每次黄蜂飞到外面的时候,它们的身上都顺便携带着一粒土屑,然后它们把这些土屑扔到很远的野外,绝对没有一只黄蜂因为偷懒而把土屑抛在家门口的。看来,黄蜂真是一群爱清洁的小家伙啊!

下面让我们观察一下黄蜂的巢吧。通过观察，我们看到这个蜂巢有很多层，上面还有很多小孔。筑成蜂巢的材料看起来很薄又很柔韧，就像棕色的薄纸片一样。

你们能想到吗？这些像纸一样的材料居然都是黄蜂利用木头的碎屑制成的。负责建造房屋的黄蜂能够分泌一种唾液，它在咀嚼木头碎屑的时候，会让这些唾液与木屑充分混合，然后再吐出来，等到木屑与唾液的混合物晾干以后，就变成可以用来建造房屋的材料了。

　　如果只是材料很特别，黄蜂也就不能被人们称作"天才的建筑师"了，我们可以想象一下，如果蜂巢是用整张"纸"做成的，犹如我们在寒冷的冬天戴了一副用薄薄的纸做成的手套，保暖效果可想而知。

　　可是，天才的建筑师——黄蜂自有办法。它们把这种材料一层一层重叠起来，这样就有很多层次，而且有很多孔，就像凸起的大鳞片。这个大鳞片的中间有充足的空隙，空气在里边也不流动。我们可以想象这个厚厚的大鳞片会多么保暖！

这些建筑家们在建造房屋时会有如此令人钦佩的聪明才智,可是你们想象得到吗?它们竟然也会在极小的困难面前束手无策。

在我家的后花园里也有一个蜂巢,我准备好了一个大玻璃罩。现在正好是傍晚,黄蜂们都已经回家了,这可是做这个实验的最好时机了。

我们用这个玻璃罩紧紧地罩住黄蜂的洞口。然后,等到明天早上你们就会看到它们是多么愚笨了。

　　孩子们,你们看,现在温暖的阳光已经照在玻璃罩上了,黄蜂们急着要外出寻找食物,哦,里面已经乱成一锅粥了。它们一次又一次撞在这个透明的墙壁上,一次又一次从墙壁上跌落下来,成批地尝试,丝毫没有放弃的样子。

后来，有几只黄蜂好像已经没有耐心了，它们急躁地在里面走来走去，好像终于走得疲倦了，重新回到房间。但是大多数还是在那里乱撞，没有一只黄蜂肯动脑筋，拿出它们筑巢时千分之一的智慧来改变一下当时的局面。多么容易呀，只要在玻璃罩底下的泥土上抓几下，一条新的谋生之路就会开启了。

看，昨天晚上在外面过夜的黄蜂，它们现在正在想办法回到它们的家。

不过，它们好像比玻璃罩里面的那些黄蜂聪明很多，它们正从玻璃罩的下面往里面挖去。很快，一条通往蜂巢的通道就被挖好了，它们利用自己的聪明才智终于回到了家。

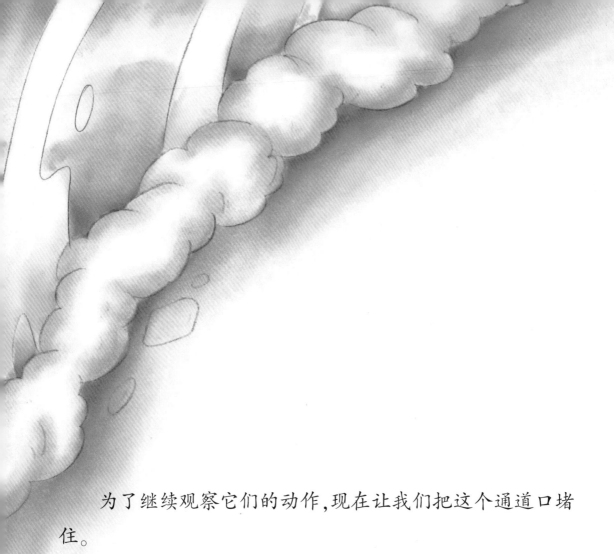

　　为了继续观察它们的动作,现在让我们把这个通道口堵住。

　　因为即使它们那么愚笨,可是在那些刚刚进去的黄蜂的指引下,它们应该能够很快在玻璃罩下面重新挖出一条通道来!

　　真希望这些小家伙可以通过自己的思考和努力,重新回到美好的大自然,去享受温暖阳光的普照!来,让我们看看接下来它们是怎样做的吧。

一刻钟，两刻钟……哦，小朋友们，我现在对这些笨笨的小家伙们失望极了。它们居然一点也没有效仿那几只成功回家的黄蜂的意思，它们依然是那么鲁莽、急躁，在里面盲目乱撞，完全挤作一团，它们怎么就没有一个肯稍微动下脑筋呢？

　　没办法，既然懒得动脑筋，那就只能自食恶果了。

　　一周以后……

　　这些小家伙已经全军覆没了。这么多死尸躺在地上，这惨烈的景象可真是叫人遗憾啊！

　　小朋友们，你们知道黄蜂能够轻易回到家，却很难从玻璃罩里面逃离的原因吗？原来，玻璃罩外的那几只黄蜂完全得益于自己的本能指导。一般只要是在 500 米范围内，黄蜂就可以明确辨认出回家的方向，顺利返巢。

　　所以，这些黄蜂能够回到家是它们自然本性的表现，不需要任何思想和解释，就和我们刚出生就会喝奶是一样的道理。

但是，这个本能对于那些不幸被罩在玻璃罩里的黄蜂来说就失效了。因为它们丝毫不具备反省的能力，智力又相当低下。

透明的玻璃罩给了它们错觉，让它们以为自己已经到了外面了。

所以，它们只能盲目地撞啊撞，最终无奈地走向死亡之路。

看来，不爱动脑筋的家伙总是没有什么好结果的。小朋友们，你们记住这个教训了吗？

黄蜂的多重性格

　　黄蜂都已惨烈牺牲，那我们就把它们的巢挖出来仔细地观察一下吧。

　　看，里面的结构还挺复杂呢。这个蜂巢里面分为好几层，上下都整齐排列着，中间还用柱子使它们紧密联系在一起。当然了，各个蜂巢的层数并不完全一样，蜂巢大概有十层，或者更多一些。

　　你们仔细看一下这些小房间，真的很特别，因为它们的口都是朝下的。黄蜂幼虫的睡觉和饮食方式也很特别，因为它们都是脑袋朝下生长的！

我们再仔细看,在蜂巢的外壳与蜂房之间,有一条路是与各个部分都相通的。

　　在外壳的一边,矗立着这座庄严宏伟的建筑的大门——一个几乎没有经过什么装饰的裂口。这个大门被隐藏在层层的鳞片中,要是不仔细看还真的看不出来呢。

你们知道吗？在这样一个小小的蜂巢里面，还有一个非常严密的社会组织呢。里面的黄蜂分为三个级型，有一只至数只蜂后，少数几只雄蜂和大量工蜂。它们分工明确，即蜂后专门负责交配受精，雄蜂负责和蜂后交配。而无生殖能力的工蜂主要负责巢内的清洁、幼虫的饲养还有筑巢等工作。

为配合仔细观察的需要，我把黄蜂的房子(蜂房)分开了且并排放着，其实是把他们的排列颠倒了。我原以为我这么给它们捣乱，这些愚笨的家伙肯定又会不知所措的，可没想到，这些小东西的适应能力还是挺强的。它们只在刚开始的时候乱了一阵，但是好像很快就适应了新的环境，继续忙碌地工作，好像什么事情也没发生过似的。

事实上，它们的忙碌并不是没有道理，显然它们对我提供的住所很不满意，需要再建筑一些。于是，我便选择了一块软木块送给它们，并且为它们提供了充足的蜂蜜。总之，我认为它们需要什么，就全部提供给它们了。

这些勤劳的黄蜂们继续秩序井然地忙忙碌碌，一边细心地照看着蜂巢中的蜂宝宝，一边建筑自己的房子。

至于材料呢，它们根本对我提供给它们的那块软木块置之不理，甚至都没有碰一下，好像根本不存在似的。有的小朋友可能要问，它们的蜂巢不就是以碎木屑为原料的吗？这块木头这么软，多适合它们作为材料啊！

其实黄蜂们更愿意选择有木质纤维的旧巢，而且，它们只需要用很少的唾液，再用它们的大腮仔细咀嚼几下，上等质地的糨糊就做好了，这是相当好的建筑材料。

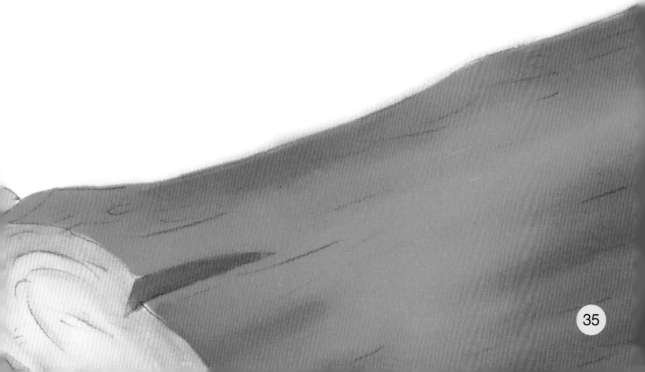

你们看，它们在建筑房屋时很有一套吧？不但如此，它们在喂养蜂宝宝时也算得上是一位优秀的"保姆"呢！刚才还在卖力地建筑房屋，或者凶神恶煞般地攻击敌人，可是，一到喂养宝宝的时候，它们就变身为温柔、体贴的"小保姆"。

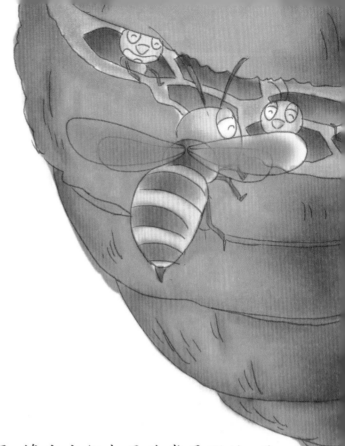

　　别看黄蜂那么强悍、凶恶,蜂宝宝们却是非常柔弱的,要喂养它们,得非常耐心和细心。你们看,此时的蜂巢多么像一个温馨的育婴室啊!

　　在工蜂的嗉囊里,充满了香甜的花蜜。它飞到一个小房间里,然后用它那尖尖的触须轻轻碰触里面的一个小幼虫。那个小宝宝在"保姆"的爱抚下,懒洋洋地睁开眼睛,但是一看到工蜂伸过来的触须,马上就清醒过来了,真是一个贪吃的小家伙!

　　蜂宝宝急切地用微微张开的小嘴寻找食物的来源。这情景是不是像极了一只乳臭未干的小鸟向刚刚觅食而归的鸟妈妈索要食物呢? 真是可爱极了!

屡次搜寻不到食物,蜂宝宝变得越来越急切了。它不停地晃动着它的小脑袋,盲目地搜寻着"保姆"为它提供的美味。这种搜寻食物的表现应该算是黄蜂幼虫的一种本能吧,就好像婴儿饿的时候就会主动寻找奶嘴儿一样。

　　终于,蜂宝宝成功地和工蜂的嘴巴碰触到一块儿了。于是,一滴甜甜的蜜汁就从"保姆"的嘴里流进了小宝宝的嘴里。小宝宝虽然很馋,但是食量毕竟有限,所以,这一滴蜜汁就足够它吃的了。

　　喂食的过程很快,要蜂宝宝全部消灭掉这些蜜汁却是一个缓慢的过程。你们仔细观察就会看到,小宝宝在进食之后,它的胸部有一小段时间会特别膨胀,这是为什么呢?

　　原来,蜂宝宝一次只能享受到"保姆"传来的大部分蜜汁,至于没有来得及享用的那一部分,天生就会勤俭持家的蜂宝宝们也不会浪费掉,而是暂时储存在它膨胀起来的胸部上。

它是怎么办到的呢？你们看，第一只被工蜂喂蜜汁的小宝宝此时正用嘴在自己的颈根上舔来舔去，没错，它在吮吸滴在胸部上的蜜汁。

　　好了，吃饱了，该回去睡觉了。

　　有的小朋友就有疑惑了：在蜂巢里喂养小宝宝的时候，从小宝宝嘴里滴落出来的东西也会存储在它的胸部吗？它的头可是朝下的呀！

　　问得好，一开始我也非常怀疑，可是经过长期的观察和实验，我现在非常确定，即使小宝宝们的头是朝下的，它们的胸部也能发挥同样的功效。

　　这是为什么呢？原来，当这些幼虫头朝下待在蜂巢中时，它们的头并不是直着的，而是稍微有一点弯度。这样，当蜜汁从它们的嘴里流出来的时候，就会滴在它们的胸部了。

而且，喂养小宝宝的蜜汁非常黏稠，能够牢牢附在小宝宝的胸部上。看来，蜂宝宝这块小小的"围嘴儿"真是一个既方便又及时的小"碟子"。它不但能减少辛苦的工蜂们喂食的困难，使它们省时省力，还能让小宝宝们慢慢、舒适地品尝美味佳肴，这是一件多么享受的事啊！

这块"围嘴儿"还有一个最大的好处我们还没有说，你们知道是什么吗？那就是可以防止小宝宝们因为贪吃，一下子把小肚皮撑坏，从而夭折。

　　其实，蜂宝宝的食物不仅限于花蜜，它们从幼虫起，就已经是食肉动物了，不过它们此时还不具备捕获食物的能力，而必须由它们的"保姆"——勤劳的工蜂提供。

　　你们看，在野外生存的黄蜂生活也是很不易呢。相比之下，被我饲养的这些黄蜂的生活可真优越多了，因为我会源源不断地为它们提供既鲜美又营养的蜜汁，从不会让它们出现食物短缺的情况。

　　所有蜂都吃得饱饱的，看起来精力旺盛极了，一副斗志昂扬的样子，好像随时准备战斗似的。那好，就让我们成全它们，往蜂巢里放一只蜘蛛吧，看看这只蜘蛛会受到怎样的待遇。

　　我挑了一只个头大的，同样具有杀伤力的蜘蛛，并在心里祈祷，希望这只蜘蛛可以和黄蜂多抗衡一会儿。可是结果简直比我预想的还让人失望。

　　你们看，张牙舞爪的蜘蛛一见到这些黄蜂，气势一下子就衰落了很多，仿佛要求饶一般。但是，战斗欲旺盛的黄蜂才不会理会蜘蛛的可怜兮兮，而是凶狠地一拥而上，把这个不速之客置于死地。

　　你们看，好几只黄蜂齐力拖拽着蜘蛛的尸首往外走去，它们可不是好心想找个地方安葬它，而是要把它扔到巢外边去。喜爱干净的黄蜂连多余的泥土粒都不允许出现在巢里，又怎么可能忍受一个讨厌的蜘蛛尸体呢？

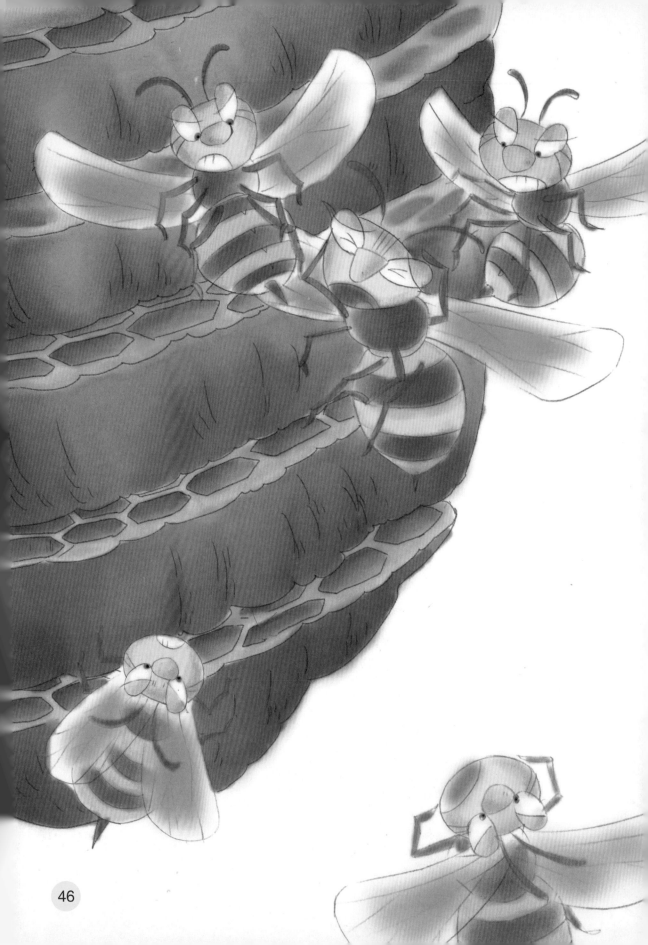

看来，这些凶恶残忍的黄蜂真是一群不好客的家伙。的确如此，小朋友们知道吗？对于一些擅自闯进蜂巢的动物，尤其是一些凶狠无比的动物，黄蜂从来都不会手下留情的，仿佛敌人越强悍，越能激发它们的斗志。它们对这些动物表现得相当冷酷无情，往往会群起而攻之，直到它们一命呜呼。

即使是那些身材和颜色都和黄蜂极其相近的拖足蜂，一旦它们不知天高地厚，想要分享一些黄蜂的蜜汁，那么它们的厄运也就要来了。黄蜂才不管入侵者是不是和自己长得相像，敏锐的它们会马上觉察出有异类入侵，这时候它们就会一拥而上。

如果拖足蜂的反应没那么灵敏，或者被黄蜂的气势吓得呆在原地来不及逃跑，那么等待它的就只有死刑了，并且是非常惨烈的死刑。

所以，假如那些小动物能听懂我们说的话，真想劝告它们：千万不要自以为是地擅自闯入黄蜂的家，这实在是一件很冒险的事情。

然而，黄蜂骨子里也似乎有种侠义的精神，那就是它们会残酷对待那些看起来凶猛的动物，但对于一些弱小者，它们会充满"侠骨柔情"。这是怎么一回事呢？让我们做个实验来观察一下吧。

　　现在让我们把一只看起来柔弱的锯蝇幼虫抛到黄蜂的巢里，看看黄蜂们是怎么对待这只柔弱得像条绿色的小龙的不速之客的。

　　你们看，黄蜂们并没有像对待蜘蛛那样一拥而上，而是先耐心地看了它几眼，好像对它很有兴趣的样子。可黄蜂不会怜香惜玉，你看它们依然对"小龙"发起了进攻，不过手段并没有以往那么残忍，只是把"小龙"弄伤，并没有用它们带毒的针去刺它。看来它们善良和同情弱小的天性还没有完全泯灭啊！

现在,那几只蜂要把伤痕累累、浑身带血的"小龙"拖到蜂巢外面去了。此刻,那只小幼虫并没有完全屈服,不知是它知道黄蜂们对它有同情之心而不忍伤害它,还是它那不服输的本性使然。总之,这只小幼虫一直在反抗,它的前足和后足不停地踢腾着,有时还会钩住蜂巢,这真是一个不知天高地厚的小家伙啊!

　　……

　　啊,整整两个小时过去了,黄蜂终于把这只不听话的小幼虫拖到了门外。小朋友们,你们看,这次黄蜂表现得是不是非常有耐心、非常宽容呢?

那么,是不是黄蜂对所有的幼虫都很宽容呢?让我们再往蜂巢里放进一只个头比较大,看起来比较魁梧但同样柔弱的幼虫吧,看看这回黄蜂会有什么样的反应。

啊,你们看,这只幼虫遭到了和蜘蛛一样的待遇。一看到这只体型较大的入侵者,有五六只黄蜂立刻蜂拥而上,毫不客气地用它们的毒针刺击幼虫的身体,真是太残忍了。看来,它们很不喜欢这种看起来有些威猛的小动物。几分钟过去了,可怜的小虫子终究难逃厄运,一命呜呼了。

很快,可怜的幼虫只剩下一些残肢断骸了。这下对于黄蜂来说可就轻松多了,它们毫不费劲地把它拖到蜂巢外面,然后毫不留情地抛弃了它。

黄蜂的悲惨结局

　　黄蜂对待敌人如此强悍勇猛,对待宝宝却如此温柔体贴,那它们是不是一直都这样呢? 答案是否定的。

　　黄蜂对待娇小的蜂宝宝的确是温柔又体贴, 但前提是这些蜂宝宝是健康的,以后能够茁壮成长。如果对待那些非常柔弱的病歪歪的不走运的蜂宝宝们,工蜂可就没那么客气了。

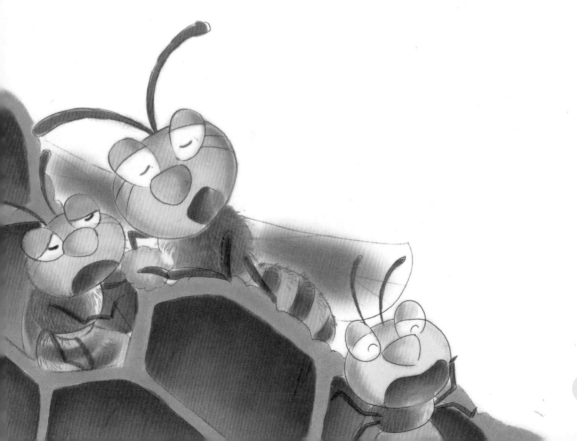

多么可怜的小家伙,它们还没有长大,还没有真正享受到这个世间美好的一切,没有沐浴过温暖的阳光,也没有见到过盛开的花朵,就这样被无情地抛弃了。

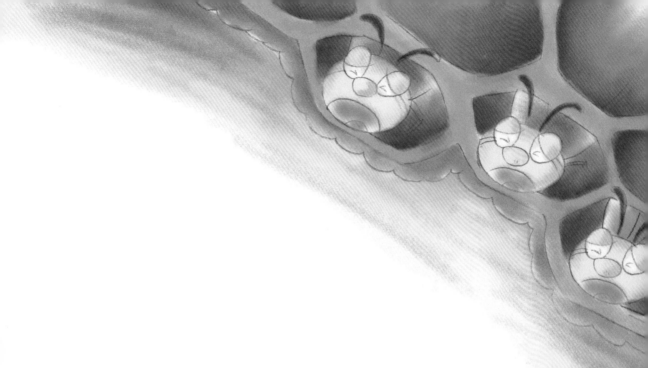

　　不过，小朋友们，你们知道吗？黄蜂之所以会这样对待它的幼虫，有一个最主要的原因，那就是冬天就要来临，随着天气的逐渐变冷，黄蜂开始感知到：它们的末日就要来临了。

　　在大概十一月份的时候，天气就已经变得非常寒冷了。这时候，蜂巢的内部会发生很大的变化，工蜂们已经失去了建造房屋的热情，甚至都懒得去储存蜜汁的地方了，更不要提去外面采集食物了。

此时工蜂的内心充满深深的惆怅，它们已经自顾不暇了，怎么会还有心情工作、照顾蜂宝宝呢？它们知道，在不久以后，一切都将化为乌有，它们也将失去存在的价值，甚至生存的条件，所以辛勤的劳动和喂养宝宝还有什么用呢？

如果是那样的话，蜂宝宝们就只能眼睁睁地在充满饥饿的煎熬中等待着死亡，这难道比一下子处死它们的感觉更痛快吗？所以，长痛不如短痛，在这种情况下，工蜂选择杀死幼虫对它们来说也是一种解脱。

那些平常温柔体贴的"小保姆"，此时都摇身变成了凶残狰狞的刽子手。这些工蜂们狠狠咬住小幼虫的脖颈后面，非常粗暴地往蜂巢外面拖拽它们。那情景真是惨不忍睹，那凶狠的样子就好像它们拖拽的不是自己家族的宝宝，而是外来入侵的敌人或者一群没有活力的行尸走肉。

它们粗暴地把这些柔弱的小宝宝扔到蜂巢外面，并且还粗鲁地把它们的尸体扯碎，这样的残酷景象真是骇人听闻！至于那些还没有孵化成幼虫的卵，它们会被工蜂们撕扯开来，然后生生地吃掉！

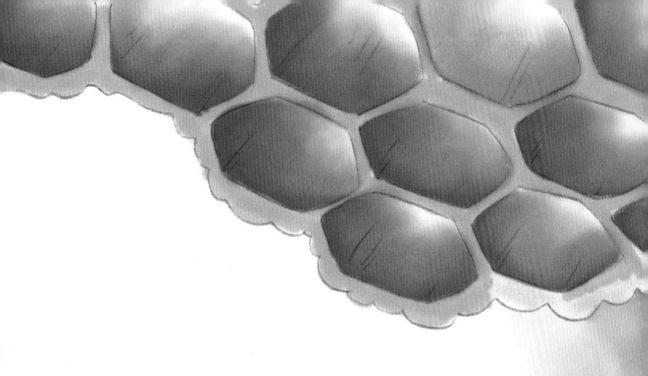

　　惨不忍睹的大屠杀终于完成之后，一天又一天，这些刽子手此时唯一要做的就是静静地等待着死亡的降临了。在这几天后的一个早晨，我发现，这些工蜂全都死掉了。

　　它们的样子就像是集体触电了一样，东倒西歪的。小朋友们，你们知道它们为什么会死掉吗？当然不是触电，而是它们已经老了，生命确实走到了终点。即使它们再怎么强悍，也无法和时间抗衡。就像一只上了弦的钟表，当发条走到最后一圈时，也就意味着这只钟表要停止工作了。

那么，它们为什么会全部死在外面，没有一只死在自己的巢里呢？原来，在黄蜂的社会里，有一条不成文但是大家都必须遵守的规定，那就是巢里要始终保持绝对的干净和整洁。黄蜂都是热爱自己所赖以生存的巢的，也都是一群爱干净的小生灵。

工蜂全部死了，巢里只剩下母蜂还坚强地活着。为什么母蜂能够继续活着呢？是因为它们的寿命长吗？其实，不是因为它们的寿命长，而是因为它们相对于工蜂出生得晚。

母蜂一年会生产两次，而在产卵后，第一代幼虫发育者都是工蜂，协助蜂后负责巢内的清洁、饲养、筑巢等工作，以后族群逐渐扩大，因为具有生育能力的雌虫这时候才陆续出生。

所以，当寒冷的冬天来临的时候，相对于工蜂，年轻力壮的它们还能够抵挡一阵严寒。一旦它们的末日来临，我们很容易从它们的外表所显现的病态上分辨出来。

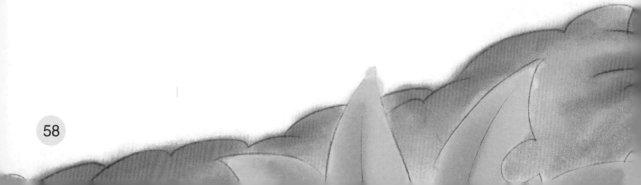

小朋友们,你们知道我是怎么区分的吗?原来,它们的背上经常会沾上尘土。当它们年富力强的时候,爱清洁的它们一旦发现身上有尘土,马上就在第一时间把尘土拂拭掉,让它们的外衣始终保持光洁鲜亮。

然而,等到它们年老体弱时,它们更愿意做的事情是每天沐浴着温暖的阳光,或是就这样静静地待着,或是慢慢地来回踱着步子,像是在以这种方式享受生命中最后的温暖。

这样的状态持续了大概两三天后,母蜂便最后一次从自己的巢里跑出来了。同时也是为了最后一次享受一下阳光的温暖。它们就这样沐浴在阳光中,一动也不动,直到生命结束。

小朋友们,你们看,我的笼子里面的母蜂有的已经显现出病态了,过不了两天,它们也就要离开这个世界了。有的小朋友可能要问,你的房间里那么暖和,并且你还给它们提供了充足的食物,它们怎么还会这么快就死呢?

　　是啊,它们并没有经历过挨冻受饿的日子,也没有承受过离开家的痛苦,那么它们怎么会死亡呢?难道是因为它们不喜欢被囚禁吗?

　　我发现它们的死亡与囚禁没有关系。去年十二月末的时候,我曾经到野外观察过很多的蜂巢,果然不出我的意料,大部分黄蜂都死在它们蜂巢底下的垃圾堆里。

　　它们的死亡是一种命运的必然,一种自然生命周期的表现。

　　不过,它们的这种习性对于我们人类来说可是大大有利的。因为,小朋友们,你们知道吗?黄蜂的生殖和生存能力是很强的,一只母蜂就能通过白手起家创造出一个超过三万"居民"的城市,这个数字很庞大吧?

现在让我们想象一下，如果所有母蜂都挺过了冬天，顽强地存活下来，那么，凶狠残暴的黄蜂恐怕就要在这个世界称王称霸了吧！这将给人类带来多大的灾难啊！

　　当然，并不是所有的黄蜂都悲惨地死去。当天气渐冷时，一些强壮的受精雌蜂和雄蜂会离开巢穴，到野外寻觅一些墙缝、石洞、草垛等比较温暖的避风场所。

　　等到第二年的春天，存活下来的雌蜂就会分散开来到处活动了，它们各自寻找适合的场所建巢产卵，然后开始新一轮的生命周期。

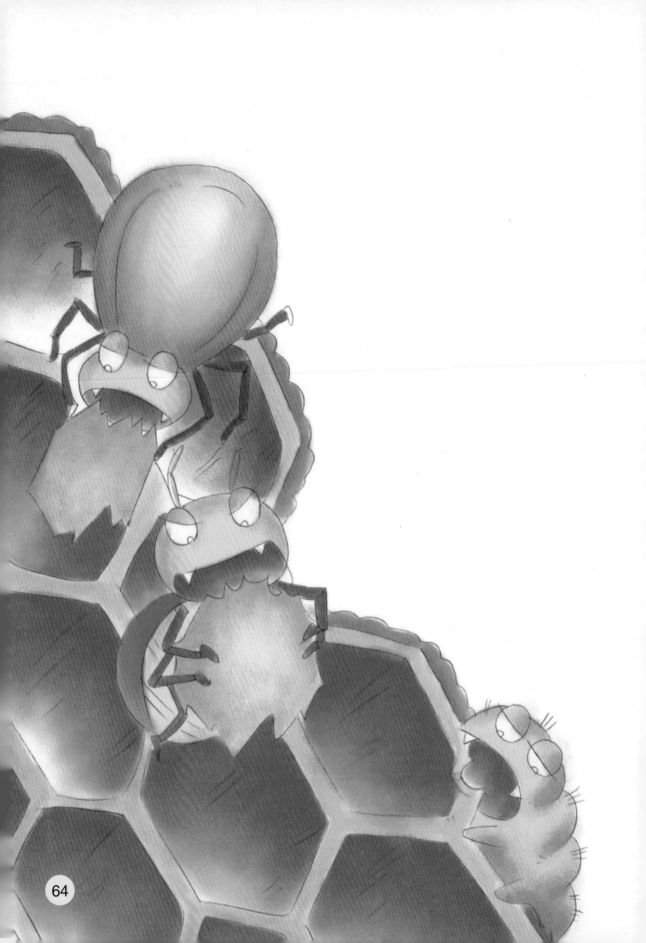

黄蜂死的死，转移的转移，它们的巢也不会存留很久，因为会遭到很多小虫子的攻击。它们会用锋利的牙齿把蜂巢的"鳞片"一点点咬碎，使所有的房间都倾塌毁灭。到最后，或许就只剩下几片薄薄的棕色的纸片了。

　　不过这没关系，等到第二年春天到来的时候，黄蜂们可以重新利用这些废物，发挥它们在建造房屋方面的智慧和灵性，变废为宝，从而建立起自己美好的家园。于是黄蜂们在这里从零开始，繁衍后代，抵御外来的入侵，扩建自己的房屋，喂养蜂宝宝，为这个大家庭的清洁和生活的快乐、舒适而辛勤地劳动。

烟筒里的隐居者
——舍腰蜂

昆虫小档案

中 文 名：舍腰蜂,泥水匠蜂
英 文 名：plasterer bee
科属分类：膜翅目,细腰亚目
籍　　贯：广泛分布于世界各地,性喜温,主要分布在热
　　　　　带和亚热带地区。

　　舍腰蜂又叫作泥水匠蜂,这是为什么呢? 是根据它建巢时所用的材料而来的吗? 那它所建成的巢是什么样的呢? 它在选择住址方面有什么特殊的爱好吗? 还有这些小家伙平时又是以什么为食物呢? 接下来,法布尔先生将为小朋友们一一解答这些疑惑,揭开舍腰蜂的神秘面纱。

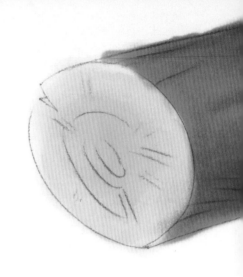

选择造屋的地点

在我们的屋子旁边，有很多小昆虫在那里安居乐业，舍腰蜂就是其中的一个成员。但是，通常好多人并不知道舍腰蜂这种小动物的存在，因为，这个小动物天生就像一位羞涩的少女，总是喜欢安安静静、心平气和地守在隐秘的角落里。

因此人们很难注意到它。甚至有的时候，虽然它们在一家人的火炉旁边栖息了几乎一个冬天，但是屋子的主人对它们一无所知。

但是小朋友们千万不要以为这个小家伙之所以谦逊、安静，是因为在它的身上没有可取之处。这个神秘的小家伙其实不但有着少女般曼妙动人的身材，还有着非常聪明的头脑，但是最为出色的应该是它的窠巢了。

总之，它身上的优点也是很多的，丝毫不比其他昆虫逊色。说不定在我们了解它以后，它就从一个默默无闻的平民变成一个尽人皆知的大明星了呢。

　　舍腰蜂是一种十分怕冷的小动物,所以在选择住址的时候,它是极为用心的。在夏天的时候,它会把住址选在有充足阳光的地方,比如说暴露在炎热阳光下的橄榄树上。在那里,它一边享受着温暖的日光浴,一边倾听着蝉的高声欢歌,真是一种莫大的乐趣啊!

　　而在冬天的时候,它们已经完全不能忍受外面的严寒,这时,一向羞涩的它们, 为了自己的需要,会鼓足勇气和人类一起居住。不过胆小的它们还是不敢向人们直接提出这个要求,所以只能静悄悄地擅自搬进来,然后默默地寻找一个隐蔽而温暖的地方,度过这个严寒的冬天。

舍腰蜂青睐的居所,通常是乡下农夫们的茅屋。在寒冷的冬天,再也没有比温暖明亮的火焰和黑黑的炭火更让舍腰蜂喜欢的了。

　　因此,每当它在寻觅住所的时候,看到有黑烟从烟囱里面冒出来,就会马上朝那户人家赶过去,因为它知道,那里有适宜它生存的条件。

　　但是,假如当它看到炉子里面没有什么黑炭的话,它会毫不犹豫地放弃这个地方。因为,在舍腰蜂看来,这间屋子居然连炭火也没有,肯定是极端穷困的,它可不要在这里和他们一块儿忍受这天寒地冻。

　　大概在七八月份的时候，舍腰蜂就要开始寻觅能够避寒的住所了，以提前做好抗寒准备。舍腰蜂的行动很轻巧，所以屋子的主人一般不会注意到它，它也不会介意屋子里人们的喧哗，所以他们都是互不干扰的。进入屋子里面后，它会用自己尖锐的目光和灵敏的触须来审视那些已经发黑的天花板、门缝、烟囱等。

　　但是，屋内的炉子才是它最为关注的地方。它会把每个地方都仔仔细细地看一遍，尤其是烟囱。甚至连烟囱的里面也要极其认真地检查一遍。等到确定好了建巢的位置以后，它就要去外面一次次地衔些泥土回来，来建筑房子的地基了。于是，建造房屋这项伟大的工程从此开始了。

　　不过，虽然这里的温度很适合，但是，世界上好像没有十全十美的东西，因为在这里也有很多令舍腰蜂无奈的地方。它的家是安在烟囱里面的，所以自然少不了烟雾的侵扰，那样，巢中的舍腰蜂可要饱受烟雾的折磨了，而且漂亮的身躯也会被熏染成黑乎乎的颜色。

即使这样,只要舍腰蜂不至于被火烧到,其他的缺点它都能忍受。那么还有一件十分可怕的事情,那就是一些小舍腰蜂有可能会被闷死在这个黏土做成的巢里。

　　好在,任何动物都有抗御危险的本能,舍腰蜂妈妈早已预见到了这些危险,所以总能把自己的家园建在烟囱中最适宜的地方。通常舍腰蜂妈妈所选的地方都非常宽阔、隐蔽,在那个位置,烟灰以外的东西都很难到达。

　　但是，"智者千虑，必有一失"。这个家园还是存在不小的隐患。

　　那就是每当舍腰蜂正为自己的房屋兴致勃勃地努力的时候，突然会遭遇大量水蒸气或者烟雾的打扰，这样它们就不得不停下正在进行的工作。尤其是这家的主人洗衣服的日子里，往往会给舍腰蜂带来更大的困扰和危险。

　　小朋友们可以想象一下，大盆子里的水一天到晚地滚沸着，炉灶里的烟灰、大盆和木桶里面的大量蒸汽混合在一起，这不但给蜂巢造成了严重的威胁，更会给娇小的舍腰蜂带来致命的危险。

令人敬佩的是,再大的危险也不会使它们建造家园的热情消减一点儿,它们还是一如既往地热衷于这个地方,并且在建造房屋的时候显出了极大的勇气。

舍腰蜂在回巢的时候,嘴里往往会衔着一块建巢用的泥土。

但是，要想顺利到达施工场地，它就要穿过那令人窒息的浓重烟雾。烟雾实在是太厚重了，以至于舍腰蜂飞进去以后就完全看不到踪影了。

不过，好在虽然看不见它的身影，但是假如你仔细听的话，会隐约听到从里面传来一阵阵鸣叫的声音。这是舍腰蜂在里面快乐地歌唱呢！

看来，舍腰蜂还是很喜欢它的这份工作的，并且它对自己的劳动成果相当满意。所以，它不以为建造房屋是一件苦差事，而是很享受这件工作给它带来的乐趣。

　　不一会儿，里面欢快的歌声停止了，这预示着它当天的工作已经完成了。之后，它就从浓雾中飞出来了。可以看得出，它的身体并没有受到任何损伤和惊吓。

　　它就这样每天穿梭于浓雾之中，直到它把自己的房屋完全建好，把过冬的食物储备充足，最后把房屋的大门紧紧地关上，享受这来之不易的温暖、舒适、清闲的时光。

　　大概是我对小动物的行动比较敏感、比较关注的原因吧，我家里的人都说没有看到过舍腰蜂这种小动物，可是我已经好几次看到它们在我家的炉灶里忙忙碌碌了。

　　记得我第一次看到它们的时候是有一天我在洗衣服时。那天已经下午两点钟左右了，我刚要离开，突然发现从洗衣服的木桶里升腾起来的浓厚的蒸汽中，飞出来一只外表非常奇怪的小昆虫。

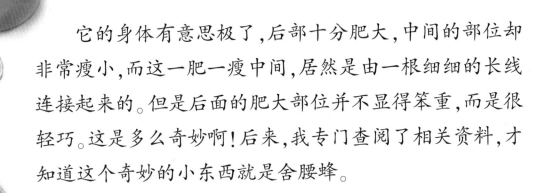

　　它的身体有意思极了,后部十分肥大,中间的部位却非常瘦小,而这一肥一瘦中间,居然是由一根细细的长线连接起来的。但是后面的肥大部位并不显得笨重,而是很轻巧。这是多么奇妙啊!后来,我专门查阅了相关资料,才知道这个奇妙的小东西就是舍腰蜂。

在有了第一次的印象以后，我对这个小家伙一直抱有很大的好奇心，所以经常特意地关注它。

它们仍然每天穿梭于浓雾之中，乐此不疲地建造着自己的家园。

但是，因为烟雾太厚重了，我根本无法清楚地观察到舍腰蜂是如何建造它的房屋的，更无从知道舍腰蜂在它的房屋内部的其他活动。

但是，不知道是什么原因，从这以后，大概有四十年左右，我在我的屋子中再也没有发现过这些小东西的身影。我不得不把视线转移到邻居家的炉灶旁边。

通过不懈的仔细观察，我终于对这个小家伙有了一定的了解。发现和大多数的黄蜂和蜜蜂都不同，舍腰蜂的性格十分孤僻，这从它的建巢习惯上可以看得出来。

还有一个与众不同的特点，那就是这些怪癖的小家伙在选择建巢地址时，对于城市居民那雪白的墙壁丝毫没有兴趣，却对农村里那黑乎乎、充满烟灰的炉灶青睐有加。

我们村子的茅屋大部分都是有一定倾斜度的，并且被阳光一晒，就都变成了黄色。舍腰蜂大概对这种特色非常喜欢吧，所以对我们村子的茅屋非常青睐。

　　现在小朋友们都已经清楚了,对于舍腰蜂来说,烟筒是个不错的建巢地点。但是,它为什么要选择这样一个地方呢?肯定不是为了贪图享受吧? 因为这种地方是毫无舒适可言的。

　　所以,这种种的原因都说明,舍腰蜂选择烟筒作为自己的建巢地点,绝对不是为了贪图个人的享受,而是为了整个家族的利益。

　　小朋友们知道吗? 舍腰蜂是一位很有家庭责任感、很热爱家庭的小动物呢。它们在做一件事情的时候,不会首先自私地想到自己,而是考虑到大家的感受。

　　由于本能的原因,舍腰蜂对温度有着很高的要求,必须住在很温暖的地方,相比之下,烟筒的确是一个不错的选择。

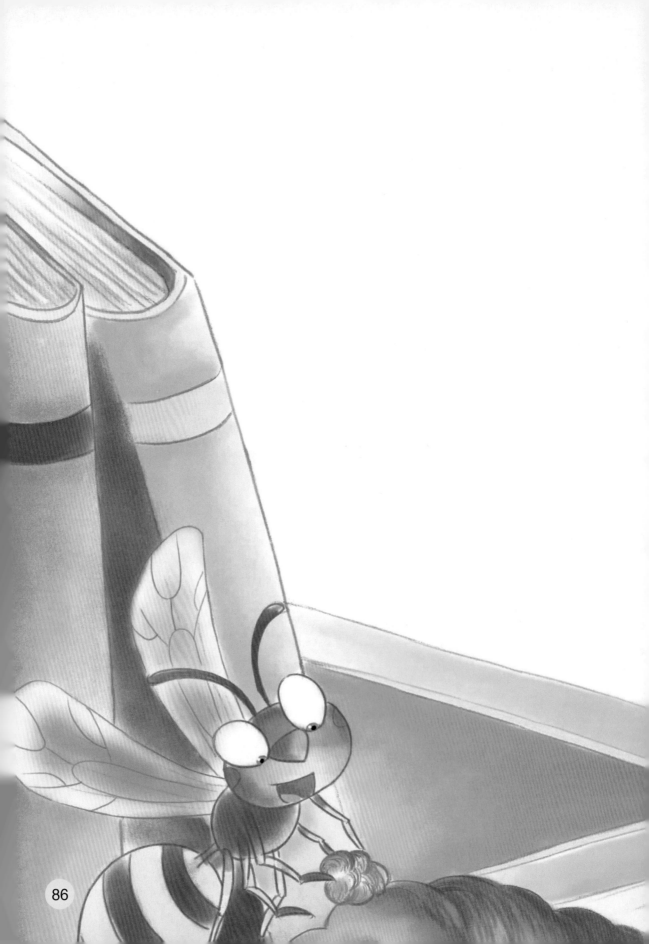

那么，还有什么其他地方是小家伙比较喜欢的呢？我曾经在一个丝厂看到过一个舍腰蜂的巢。当我刚看到时，不禁为舍腰蜂的慧眼惊叹！这些聪明的小家伙把巢建在机房里，所选的地方正好是对着大锅炉的天花板的一个地方。

你们看，这个地点选得真是太好不过了。除了晚上和假期工人们不烧锅炉的时间，不管是严冬酷暑，还是暖春凉秋，这里一年到头的温度都能达到一百二十度。从这里我们可以看出，这个小动物对温度的要求是多么高啊。

在我们当地的乡下，除了丝厂，温度同样能够经常超过一百度的还有蒸酒房。舍腰蜂占据着屋子里面每一个可以占据的地方。

这就再次向我们说明，我们这里舍腰蜂的数量之多和它们喜欢高温的习性有关。所以，这样看起来，像炉灶、锅等，无疑就成为了舍腰蜂安家时的首选地点了。

但是，光这些地方，恐怕不能完全满足数量庞大并且喜欢独居的舍腰蜂。所以，对于其他一些可以建巢也还算舒适、温暖的地方，它们是不会放弃的。比如在温暖的花房里、厨房的房顶上、关闭着的窗棂凹进去的地方，还有像农民们卧室的墙壁上等。只要够得上舒适、温暖，它就并不介意把自己的巢穴建在什么样的地基上面。

　　不过，它选择地基也有例外的时候。我曾经也有几次在葫芦的内部，或者皮帽子里，甚至在砖的缝隙之中看到过它们的身影。

　　记得有一次，我看到一件非常稀奇的事情。那件事发生在一个农民的家里。在这个农民的家中，有一个大大的炉灶，炉灶上边的几个大锅里正煮着农民们的午饭。

　　到了中午的时候，农民们都从地里干活回来了，累了一上午，他们的肚子早已饿得咕咕直叫了。所以，一进到屋里，他们就迫不及待地盛饭吃起来。

吃饭的时间是难得的休息时间，为了充分享受这个轻松、舒适的时刻，他们纷纷摘下头上的帽子，脱去宽大的上衣，然后随手把它们挂在墙上的钉子上面。

　　农民们吃饭的时间只有半个小时左右。但是，在如此短暂的时间里，舍腰蜂就已经占据了农民们挂在墙上的帽子和上衣，并在上面开始建筑它们的巢穴。

　　小朋友们想一下，在只有短短的半个小时左右，它的房屋，从选址到建造，居然已经有一个橡树果子那么大了，这样的速度是多么让人惊奇和敬佩啊！

　　不过，对于这个农夫家的女主人来说，舍腰蜂岂止是不讨人喜欢，简直是讨厌极了。

　　她总是向我抱怨这些可恶的小东西非常不安分，还很贪心，把烟筒、天花板、墙壁甚至窗棂的缝隙都占据了，并且把所到之处都弄得脏乎乎的，非常不容易打扫，她简直要烦死了。

更令她哭笑不得的是,这些小家伙非常执着,屡赶不尽。因为有的时候这些小家伙会把巢建在衣服和窗帘上,在这种情况下,女主人要驱赶它们就容易多了。她只需用一根竹竿使劲敲打衣服和窗帘,就可以轻易地把这些入侵者赶走。

但是这些侵略者往往会接二连三地卷土重来,固执地在原来的地方建巢。

舍腰蜂的建筑物

我非常同情和理解这家女主人所遭遇的烦恼,同时,我也多么羡慕她啊,因为她能每天和这么多舍腰蜂打交道。我却没有办法经常接触到它们。

如果我的身上有一种神奇的力量,能够使这些小家伙老老实实地固定在一个地方建巢,就可以每天随心所欲地观察它们的生活习性和它们的巢穴了,没准儿还可以和这些沉默、喜欢独居的小家伙交上朋友呢。

相对来说，河边上的泥土是它们最好的建筑材料了。但是很遗憾，我们的村庄是一个多沙石而少河道的地方，要找到令它们满意的湿泥土十分不易。

为了使它们经常大驾光临我的花园，我特意在园子里种植蔬菜的地方挖掘了一些小沟渠。因为整天有水在沟渠里流淌，所以这里的湿泥对舍腰蜂有很大的诱惑。于是，我经常看见舍腰蜂的身影出没于我的园子。

每当有舍腰蜂在不经意间发现园子里的宝贵泥土后，会非常欣喜地马上飞过来。在干燥的季节里，这样的泥土是多么珍稀啊，它们才不会放过这样难得的机会呢。

  那么，它们是利用什么工具来挖掘并取走泥土的呢？我看到，它们首先用下颚掘取湿地上的泥。它们的双翅一边震动，一边直立起纤细的足，把它那黑色的身体抬得高高的。

  小朋友们，你们知道它们这样做的原因是什么吗？原来，舍腰蜂是一种非常爱清洁的小动物。为了在搬取泥土的时候不让身上沾染上一点泥土，它们会非常小心地把身子抬高。

  这让我想起了这样一个场景：我看到家里的仆人在园子里面劳动的时候，总是把她的裙子很小心地提得高高的，以免沾上泥巴。可是，结果呢？无论她再怎么小心，也很少能够幸免。这样看来，舍腰蜂在这方面要比人类聪明、灵巧得多啊！

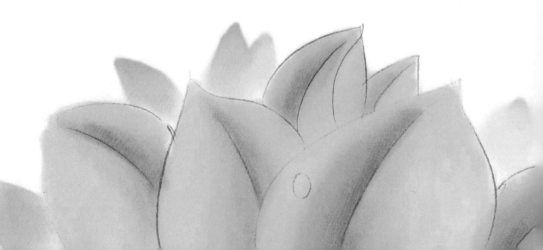

即使时刻提防着身子不被泥土弄脏，小家伙的工作效率也是很高的。不一会儿，它就制作好了一个小泥球，大概有豌豆那么大吧。做好之后，舍腰蜂就会用牙齿咬住它，衔到自己建巢的地方，然后给自己的巢上再增添一层。

接着又做第二个泥球，然后是第三个……就这样，不管天气多么炎热，只要泥土仍然是潮湿的，舍腰蜂就会始终乐此不疲地工作，不停地给它的巢添砖加瓦。

除了我这园中的小片潮湿的泥土外，在我们的村庄里，它最喜欢的地方就是村子里的那片泉水边上了。在那里，无论阳光多么暴烈，风多么干燥，都是非常泥泞不堪的。

对于舍腰蜂来说，这里就好像一个取之不尽的聚宝盆一样，因为这里的湿泥相当适合它们建巢。它尤其喜欢在驴蹄的旁边制作小泥球，大概是那里的泥土经过驴的踩压更有韧性了吧。这些勤劳的小家伙每次都会由这里满载而归。

现在我们知道了，舍腰蜂的巢就只是由潮湿的黏土制成的，没有任何加固的措施。这样的巢即使刚开始多么坚固，但哪怕是些许水滴的滴落，它的巢也会被毁坏。更不要说是受到大风大雨的侵袭了。

所以，为了保证能够一劳永逸，不必总是经受流离失所的痛苦，它必须把巢建在可以遮风避雨、足够安全的地方，比如说，人类的屋子对于它们来说就是一个不错的选择。当然，温暖的烟筒里面更是一个绝佳的建巢地点。

舍腰蜂的巢穴的形状有点像一个圆筒，巢的口比较宽大，而底部很窄小。大一点的蜂巢大概有一寸长，半寸宽。舍腰蜂在建造自己的巢的时候，很费心地对它雕饰一番，所以蜂巢的表面非常别致。

在巢的表面，有一列线状的小凸起。这是由于用泥土盖好上一层已经建好的巢穴而显露出来的。所以，通过统计线的数量，我们就可以知道舍腰蜂的建筑共有多少层了。

像一个罐子一样，蜂巢的口也是朝上的。因为和罐子一样，如果口是朝下的，里面就盛不下任何东西了。那么，蜂巢这个"罐子"里盛的是什么东西呢？答案是：一堆小蜘蛛，这是它们最喜欢的食物了。

等把蜂巢完全建好以后，舍腰蜂就把里面贮满了蜘蛛。等它们自己产下卵宝宝后，就会把蜂巢全部封闭好。在这期间，它的巢的外表还是很美观的。

在这之后，为了使巢穴更加坚固，舍腰蜂会在它的周围再围上一层泥土。但是，这次建筑的时候，就远没有刚开始的时候那么精细了。它并不刻意去装饰表面了，只是一直不停地往上面堆积泥土，直到堆积不上去为止。

在层层的包裹下，原来的巢穴被精心装饰的外表都被遮盖住了。就这样，蜂巢最后的形状形成了，就好像一堆被人们胡乱抛在墙壁的泥，完全没有了开始建筑时的美感。

舍腰蜂的食物

　　幼小的舍腰蜂最喜爱的美食就是各种各样的小蜘蛛了。因为它几乎对所有的蜘蛛都不拒绝。但是舍腰蜂在选择蜘蛛的时候,也是有一定条件的,那就是蜘蛛的个头一定要小,否则就不容易被装到巢穴里面了。

在各种蜘蛛种类中，那种长有毒爪的蜘蛛算是舍腰蜂最危险的劲敌了。假若那个蜘蛛的个头又特别大，舍腰蜂就没有足够的勇气和能力去征服它。况且，相对于舍腰蜂的巢穴来说，大个的蜘蛛可不是那么好塞进去的。

　　所以，舍腰蜂通常会避重就轻，只捕捉一些个头较小的蜘蛛作为食物。所以，我经常会看到这样的情景：当舍腰蜂碰到一群蜘蛛的时候，只会选择其中个头最小的那个，看来，舍腰蜂这种小动物很明智，并不会贪得无厌。

　　此外，舍腰蜂巢穴内的温度很高，残余的食物非常容易变质。因此舍腰蜂青睐于那些小个蜘蛛。

　　所以，它们选择的食物都是一顿可以吃完的。如果食物是大个蜘蛛，一顿吃不了，就只能分几次吃。这样产生的后果就不单是食物腐烂了，更加重要的是，腐烂的食物会对舍腰蜂的小宝宝们产生毒害，这可是关系到舍腰蜂家族利益的大事啊！

不过，舍腰蜂有一个比较聪明的办法可以尽快消灭掉食物。小朋友们，你们知道舍腰蜂的卵产在哪里吗？原来，它的卵居然藏在蜘蛛的身上。舍腰蜂会把首先捉到的蜘蛛放在最底层，再把自己的卵放在蜘蛛的身上，然后把第二只不幸的蜘蛛放在第一只的上面。

　　这种办法的确可以称得上高明，因为这样的话，它的小宝宝们就可以先吃掉那些先捕捉来的蜘蛛，然后再吃那些比较新鲜的了。

　　舍腰蜂的聪明不止于此，还体现在卵的放置方式上。它总是把宝宝的头部放在蜘蛛身上肉最为肥美的地方。这样一来，小宝宝孵化出来以后，就可以吃到蜘蛛身上最鲜美、最有营养的部位了。

在一顿大餐之后，舍腰蜂幼虫获得了充足的营养，就开始着手做它的茧了。它的茧是用一种光亮纯白的丝做成的，非常精致美观。但是，中看不中用的东西，舍腰蜂是不会有成就感的。

所以，为了使这个丝袋更加结实，它会从体内释放出一种液体，就像油漆一样。这种液体会慢慢地渗入到丝袋中，然后逐渐变硬，给丝袋增加一层光亮的保护层。

这层保护层使整个茧呈现出琥珀的黄颜色，微微有些透明的感觉，因此上面的纹路很清晰。并且和洋葱头一样，用手摸起来会发出沙沙的声响。等到了一定的时期，舍腰蜂的幼虫就从这个洋葱头似的茧里孵化出来了。

有几次，为了测试舍腰蜂的智商，我特地跟它开了一个玩笑。当舍腰蜂把它的巢穴做好后，就开始准备储藏食物了。它每捕获一只蜘蛛，就会马上把它带回巢中。

　　一切安放好后，它就会把卵产在蜘蛛身上肉最为肥美的地方。之后，它又飞出去，继续去野外捕捉食物。

　　这时，我偷偷地把手伸进它的巢穴里，然后把里面的那只死蜘蛛拿了出来，当然，此时它的宝宝们也都在蜘蛛的身体上。当时我想，这下作为妈妈的舍腰蜂回来后见不到它的食物和宝宝，一定会急坏的吧？

　　为此，我做了很多种猜测，但都出乎我的意料。

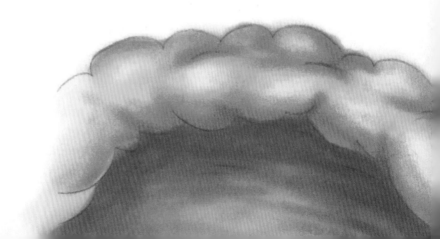

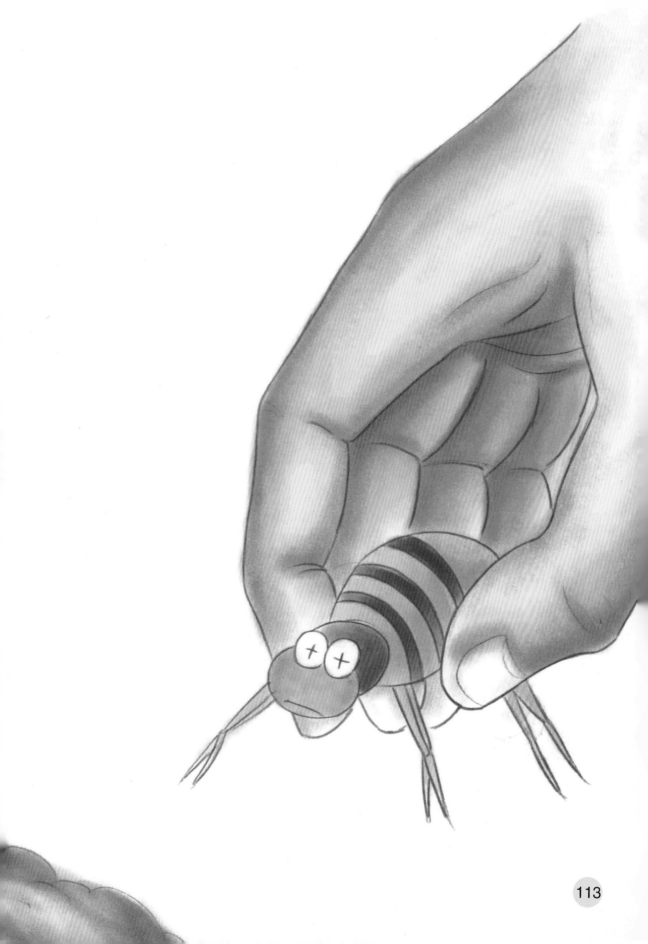

　　舍腰蜂妈妈并没有找寻失去的宝宝，更没有因为失去辛辛苦苦获得的食物而动怒，它的神情和动作如此淡然，一点也没有表现出吃惊、着急、生气的样子，就好像什么都没有发生过。

　　它好像根本没有看到它的食物已经被别人窃取了，也没有意识到它的宝宝或许已经遭到了不幸，这真是让人不可思议。

　　我依然每次和它开着这样的玩笑，在它出去的时候，把它的宝宝和蜘蛛都悄悄地取出来。所以，当它每一次飞回来的时候，它的巢中就空空如也了。

　　所以，它所做的一切都白费了，但它似乎想坚持把这种毫无意义的工作进行到底似的，又依然固执地忙忙碌碌了约两天。

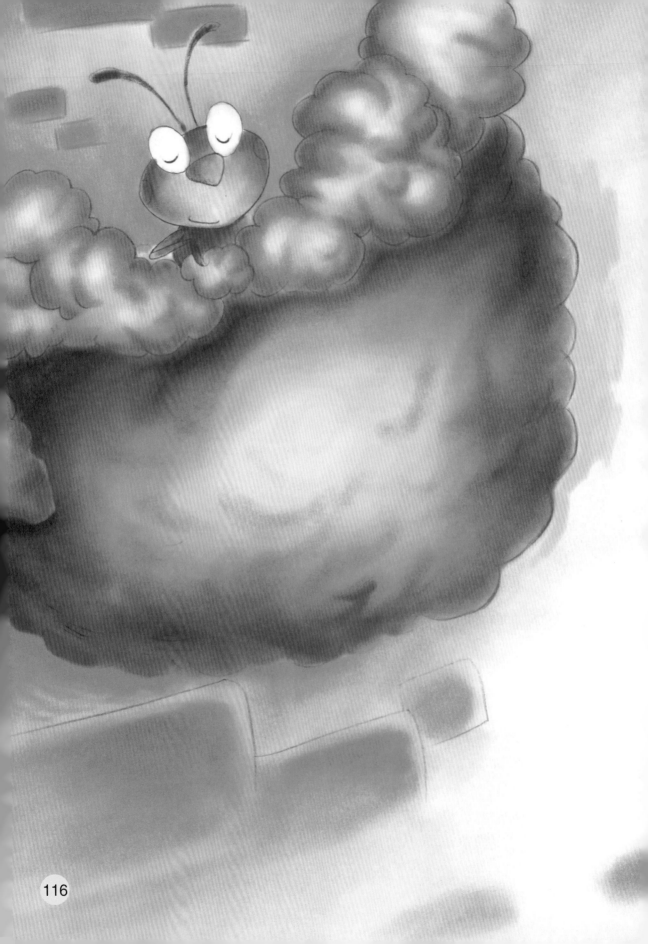

终于，当这个傻乎乎的家伙在第二十次把它的猎物擒到巢中的时候，它小心谨慎地把自己的巢穴封锁起来。这时，它大概认为它储存的食物已经足够过冬，或者因为来来回回忙碌了这么多次，它终于疲倦了吧，总之，它把自己隐藏起来，要安逸地过冬了。

　　可是，多么可怜的小家伙啊，它忙碌了这么长时间，最后什么也没有得到。

　　从这里我们可以看出，昆虫的本能是多么有局限啊，它们对于本能的行为没有一点意识。

　　但是，大自然是千变万化的，它们光靠本能的指导是不够的，它们还需要具备一种辨识能力，这种能力可以告诉它们该做什么，不该做什么，该怎样做。

　　我们已经知道了昆虫对于自己的本能行为是没有意识的，那么，假如它的行动是由辨别力引起的，它会有意识吗？答案是肯定的，对于自己的辨别力所产生的行动，它是有意识的。

比如用湿土建造巢穴，这属于舍腰蜂的本能，在衔土建巢的时候，它是完全无意识的。

　　但是，至于哪里才是建巢的最佳场所，这就需要舍腰蜂的辨别力了。为了躲避大自然风霜雨雪的侵蚀，在最开始的时候，它们会把家安在大石头的下面。但是，当它们慢慢地发现还有其他更为舒适安逸的地方的时候，它们会毫不犹豫地占据下来，比如村民的农屋就是一个不错的选择。那么，舍腰蜂的这种能力就属于辨别力了。

　再比如，舍腰蜂会以小蜘蛛作为宝宝的食物，这也是它本能的一种。但是本能让它只青睐蜘蛛，并且，在所有蜘蛛当中，它们最喜欢的是那种长有交叉白点的蜘蛛。

　但是，当这种蜘蛛缺乏的时候，它也不会让它的宝宝们挨饿的，它会果断地以其他类型的蜘蛛来喂养它的小宝宝。那么，这种能力同样属于辨别力。